TEORÍA
DE LAS DOS LUNAS

ENRIQUE CALDERÓN INTRIAGO

TEORÍA
DE LAS DOS
LUNAS

ENRIQUE CALDERÓN INTRIAGO

Colección
Ensayo

ÍNDICE

PRÓLOGO

Nací creyendo al igual que el resto de la humanidad que la Tierra siempre tuvo una sola Luna o satélite natural, la misma que es considerada como un paradigma romántico, tanto así que en las películas, novelas y demás cosas que involucren escenas de romanticismo, casi siempre enfocan a la Luna o la ponen de fondo, pero viéndola de la forma más simple es sencillamente una gran roca orbitándonos, que quedó atrapada por la gravedad de la Tierra en los tiempo de la formación del mundo.

Sí una Luna siempre nos ha maravillado, cómo sería si lográramos ver dos Lunas orbitando nuestro planeta, esto sería algo excepcional y hermoso.

Mediante este libro les voy a narrar la existencia de dos Lunas, hecho sucedido en aquel tiempo cuando el humano no existía hace millones de años, una de la cual se precipitó hacia la Tierra causando daños catastróficos. Me fundamento en análisis físicos, matemáticos, científicos, hallazgos arqueológicos y geológicos.

Este libro está escrito con una redacción concisa y clara que permite al lector entender con claridad el tema en mención.

Ing. Enrique Calderón Intriago

AGRADECIMIENTO

Agradezco al público por su buena acogida a mis libros, a mis familiares y amigos por el apoyo incondicional que he recibido a lo largo de mi vida.

DEDICATORIA

Esta obra la dedico a aquellos hombres y mujeres nobles y de pensamientos libres, capaces de ofrecer sus vidas por defender la democracia, justicia, equidad, verdad y todos aquellos aspectos que nos benefician como especie.

HIPÓTESIS DE LAS DOS LUNA

La Teoría de las dos Luna, nace esencialmente al conocer que hace millones de años habitaron grandes bestias que dominaban la Tierra y que hoy en día están extintas, y solo se han encontrado sus restos como evidencia fiable.

Cabe mencionar que no fue el único exterminio masivo que ocurrió en el planeta, porque desde que nuestro planeta brindó las condiciones necesarias para la vida esta surgió y desde entonces hasta la actualidad han habido varios exterminios masivos que afectaron a las especies que la habitaron, ya sean por actividades volcánicas, liberación de gases, era de hielo, calentamiento global, impactos de meteoritos o asteroides, pero a pesar de todo eso siempre resurgió la vida nuevamente.

Sobre el último exterminio masivo me quedó una gran duda y me pregunte ¿sí la vida en la Tierra se ha acabado parcialmente en varios exterminios y ésta ha resurgido nuevamente por varias ocasiones, por qué hoy en día ya no hay especies de animales gigantes como por ejemplo los dinosaurios?, y entonces allí enfoqué mi supuesta respuesta de que en el último exterminio solo se han extinguido las especies gigantes, mas no las especies pequeñas, por tal motivo me formulé la hipótesis de que las grandes especies no lograron sobrevivir, debido a que aumentó la gravedad de la Tierra y la masa de los grandes animales prácticamente les impedía su normal desenvolvimiento, por lo tanto ellos tenían que hacer mayor esfuerzo para moverse o mantenerse de pie, lo cual les trajo problemas graves de salud, hasta llevarlos al colapso total como especies, aprovechándose de dicha situación comenzaron a prevalecer las especies más pequeñas, las mismas que se adaptaron con facilidad al cambio gravitacional terrestre.

Entonces, al centrar mi hipótesis en el cambio gravitacional como consecuencia de la desaparición total de todas las especies gigantes, también me formule otra duda y fue ¿cómo pudo haber aumentado la gravedad del planeta Tierra?, y llegue a la deducción rápida de que solo existen dos factores para que eso ocurra; según la "Ley de la Gravitación Universal" para el cálculo la fuerza de la gravedad de un cuerpo celeste se debe considerar como uno de los factores el radio del mismo, medido desde el interior (núcleo) hacia la superficie y el otro factor es la masa como se puede ver en la fórmula "$F=Gm/r^2$" en donde la "G" es la constante gravitacional (valor fijo), "m" la masa y "r^2" el radio, entonces para que haya un aumento de la gravedad de un cuerpo celeste se debe reducir dicho radio y/o aumentar la masa, por lo tanto analicé que no pudo haber existido una reducción del radio de la Tierra porque eso sería reducir su tamaño, entonces, me quedó solo un factor y es la masa, es decir que la masa terrestre aumento bruscamente en comparación con su radio, el mismo que aumento muy mínimo, casi imperceptible, lo cual hizo incrementar la intensidad de la gravedad, logrando así colapsar a las especies grandes de forma rápida y drástica. Ahora viene la gran pregunta ¿que hizo aumentar la masa de la Tierra?, ¿tal vez un meteorito o un asteroide?, la respuesta es no, porque los meteoritos y asteroides no tienen suficiente masa como para sumarse a la Tierra mediante un único impacto catastrófico y alterar su gravedad, por lo tanto la respuesta más lógica es que algo de mayor tamaño y masa impactó a la Tierra, tanto así que al sumarse a su masa incrementó bruscamente su gravedad.

Recuerdo que una noche conversaba con mi novia Yenny Rivera Sánchez sobre este tema, y ella me formuló la siguiente pregunta ¿por qué serían dos lunas y no más?, yo le respondí por la sencilla razón de que me basó en información levantada por los científicos en las áreas de la arqueología y geología en la que indican que en el transcurso de la vida en la Tierra existieron cinco extinciones masivas, tres de las cuales afectaron más a las especies marinas que a las terrestres, a excepción de dos en donde se vieron afectadas las especies marinas como las terrestres en casi iguales proporciones, lo que nos puede llevar a la conclusión, que los primeros exterminio fueron provocado tal vez por los cambios de temperaturas, actividades volcánicas e incluso por impactos de meteoritos o asteroides, pero la última gran catástrofe ocurrida hace 65 millones de años acabó con la vida de las especies de animales gigantes, ha dichos exterminio masivo se lo podría considerar como "la gran mortandad"; entonces se puede concluir que en este último exterminio existió un gran impacto, que acabó con casi todo lo existía en la Tierra; además   hizo aumentar la intensidad de la gravedad del planeta, impidiendo que continúen viviendo y reproduciéndose las especies de animales y plantas gigantes que sobrevivieron al impacto.

Tomando en cuenta que un meteorito o un asteroide no tienen la masa suficiente como para alterar la gravedad de la Tierra, llegue a la deducción de que los satélites naturales (Lunas) si pueden albergar una masa superior a un meteorito o asteroide, que al sumarse a la masa de la Tierra podría alterar su gravedad, y considerando el último gran exterminio que existió en la Tierra analicé que fue una Luna la precipitada, pero de un tamaño superior a la Luna actual, por lo que con la fuerza de su impacto acabó con un gran porcentaje de las especies tanto en los océanos como en la superficie terrestre y al adicionar su masa a la masa de la Tierra logró incrementar también la gravedad del planeta, por lo que las especies gigantes nunca más pudieron adaptarse a la vida y desaparecieron.

Por lo tanto le dije a mi querida novia, que al precipitarse una Luna nos quedamos con la que existe en la actualidad, por tal razón según mi criterio analítico existieron dos Lunas hace millones de años.

Y así nació la famosa "Teoría de las dos Lunas".

ORIGEN DE LA DOS LUNAS

Era una vez hace 4600 millones de años, cuando el planeta Tierra estaba formándose y aún venían muchos meteoritos y asteroides que la impactaban y liberaban gases, agua, y adicionaban minerales, rocas y todo aquellos elementos de la que actualmente está compuesta, debido a esos impactos consecutivos fue creciendo su masa, hasta lograr establecer una gravedad lo suficientemente poderosa, como para no permitir que los gases se escapen, dando paso así a la formación de la atmósfera, la misma que facilitó las condiciones de vida.

Doy dos hipótesis sobre el origen de las dos Lunas basadas en mi criterio y tomando como referencia la información de que nuestra Luna según los últimos análisis científicos tiene la misma composición que la superficie de la Tierra, entonces su origen formativo puede haber sido de la siguiente manera:

1º.- La gravedad de la Tierra ya había aumentado debido a que fue impactada por muchos meteoritos y asteroides que se sumaron a su masa y le dieron la composición que actualmente tiene; en el espacio vacío viajan dos rocas grandes con dirección hacia la Tierra, pero no para impactarla sino que su trayectoria era la de pasar cerca a la misma, de forma tangencial, pero fuera de la atmósfera terrestre, al aproximarse a la Tierra estas dos rocas fueron atraídas por la gravedad del planeta formando en su trayectorias una especie de curva o parábolas con dirección a la Tierra, pero por sus velocidades con las que viajaban no lograron ser atraídas hacia la superficie terrestre, sino que más bien lograron establecer un equilibrio de fuerzas entre la gravedad del planeta y las fuerzas centrifugas de los dos cuerpos celestes, por lo que quedaron dando vueltas alrededor de la Tierra, sin poder escapar, ni caer a la superficie; es decir que la gravedad de la Tierra los atrapó. Dichas rocas o cuerpo celestes al quedar orbitando nuestro planeta, se convirtieron en satélites naturales conocidos como Lunas, las mismas que quedaron ubicadas en diferentes órbitas, la más pequeña en la órbita más baja y la grande en una órbita superior; las dos Lunas tenían las misma composición que la superficie terrestre debido a que en los tiempos de la formación nuestro planeta recibió el impacto de asteroides y meteoritos y nuestras Lunas también recibieron dichos impactos, además hay que considerar que el universo nació desde una misma fuente y por lo tanto todos los cuerpos celestes tienen los mismos elementos que conocemos, lo único que varía es el porcentaje de elementos que pueden tener cada uno en comparación con otros, por tal motivo ahora la ciencia ha logrado determinar que la composición de nuestra Luna es idéntica a la superficie terrestre. Observemos las siguientes figuras.

Momento en que los cuerpos celestes pasan tangencialmente cerca de la Tierra.

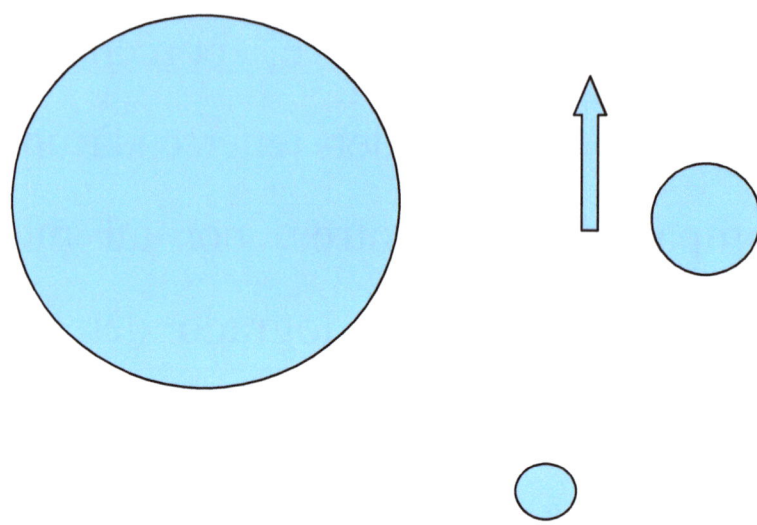

La gravedad de la Tierra los atrapa y los ubica en diferentes órbitas, quedando así conformadas las dos Lunas.

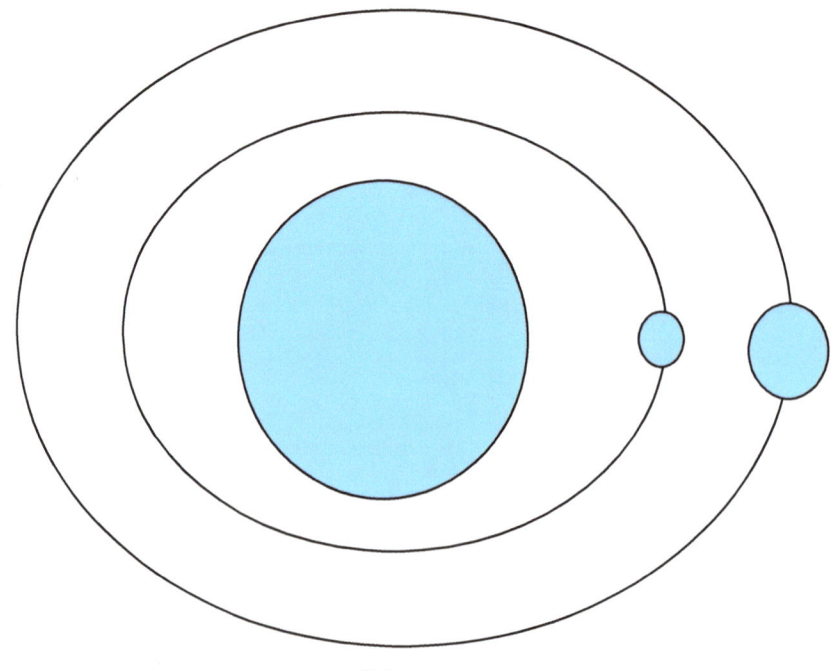

2º.- En los tiempo de la formación del planeta Tierra es muy probable que un gran asteroide la haya impactado sumando parte de su masa a la misma y adicional a eso con la fuerza del impacto este logró hacer desprender gran parte de la corteza terrestre, la misma que salió disparada hacia el espacio vacío en forma de fragmentos y quedaron orbitando, dichos fragmentos de masa terrestre en el transcurso del tiempo se reunieron para dar origen así a las dos Lunas por acrecimiento, ya que las partículas más pequeñas se fueron sumando a las masas de las más grande hasta quedar formadas solo las dos Lunas, pero de diferentes tamaños. Observemos las siguientes figuras.

Asteroide con dirección hacia la Tierra.

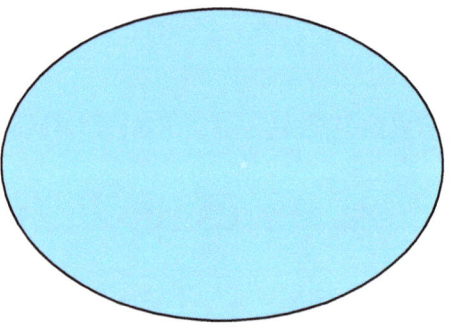

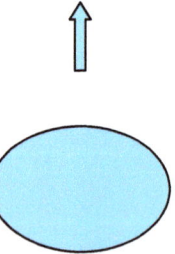

El momento del impacto, en donde gran parte de la corteza terrestre es lanzada al espacio.

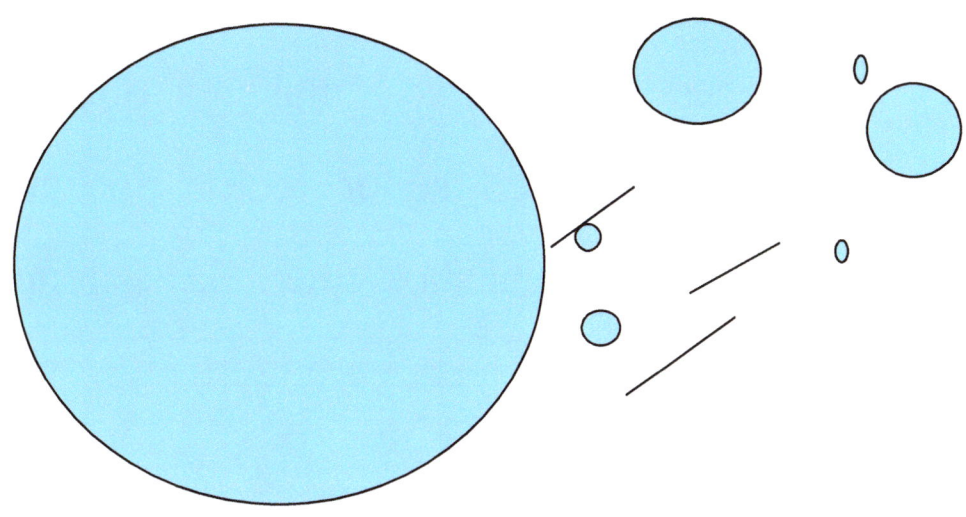

Los fragmentos de la corteza terrestres que fueron lanzadas al espacio se unen para formar solo dos Lunas.

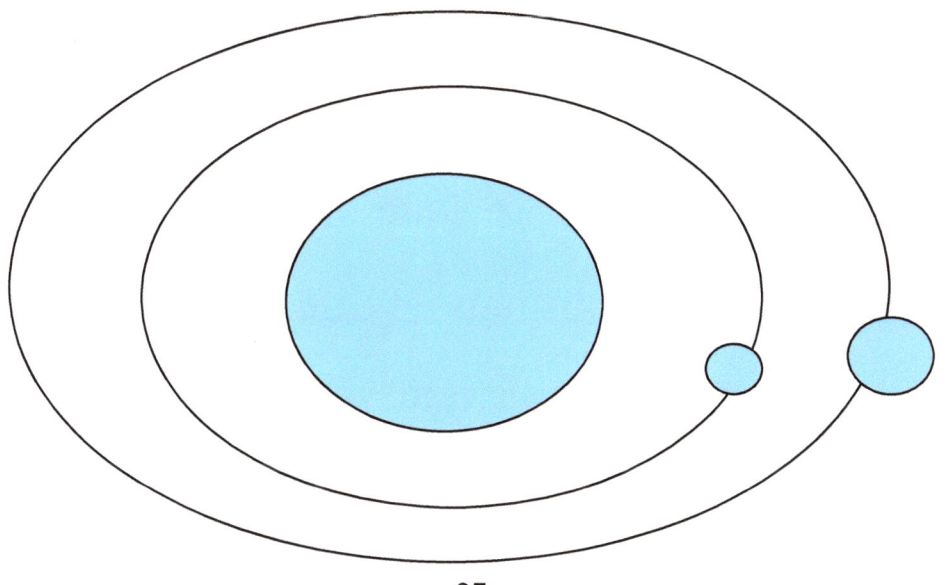

Como hemos visto, doy dos probables orígenes de las dos Lunas, ya queda a criterio de usted señor lector por cual creer más, hasta que la ciencia compruebe cual es la verdadera.

Por otro lado las dos Lunas desde sus inicios también fueron impactadas por meteoritos que las hicieron crecer de masa y les hicieron cráteres como por ejemplo los que son visibles en nuestra la Luna actual.

Es muy probable que las dos Luna estuvieran compuestas de un centro líquido y su superficie sólida, similar a nuestro planeta porque según los últimos estudios indican que nuestra Luna actual, es similar a nuestro planeta ya que tiene sus respectiva corteza, manto o magma líquido un núcleo líquido y un núcleo sólido. Es decir que un impacto fuerte le puede provocar actividades volcánicas. Observemos la siguiente imagen.

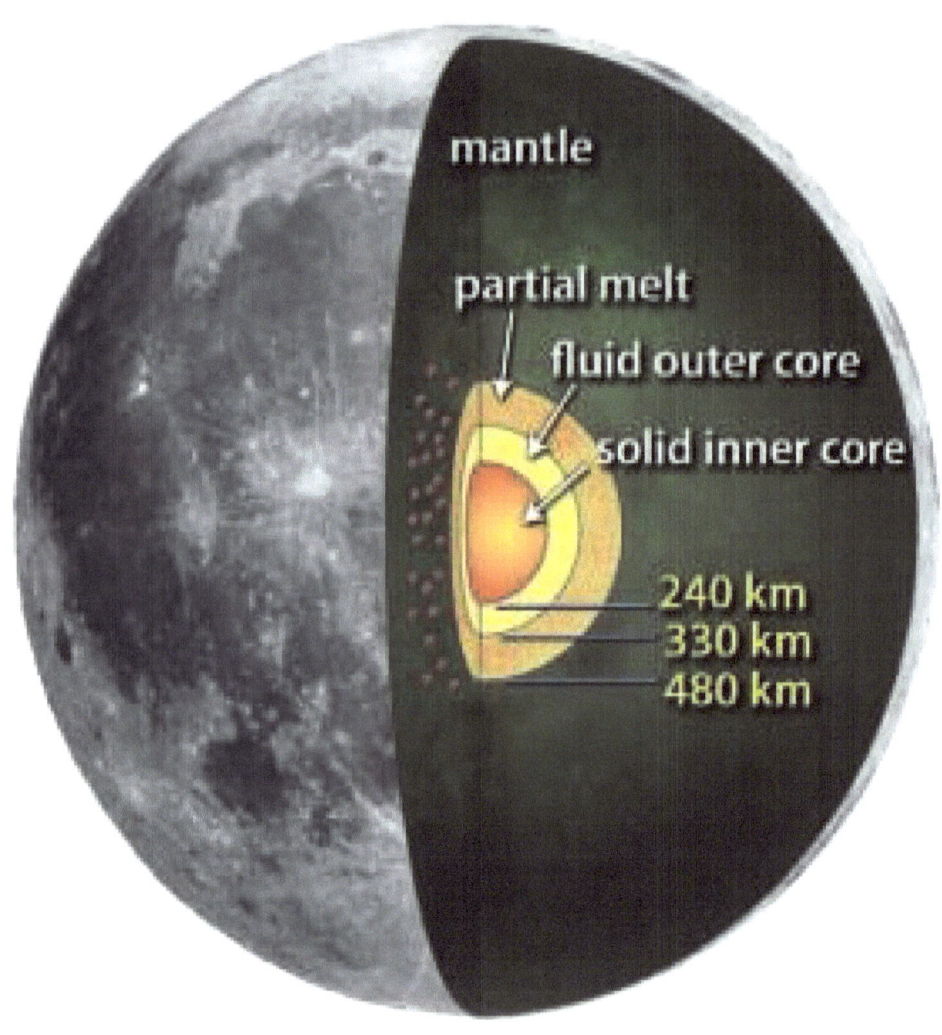

Fuente:http://img.seti.cl/lunar-core.jpg

En aquellos tiempos hasta hace 65 millones de años se podían ver claramente las dos hermosas Lunas de tamaños diferentes, un panorama visual espectacular nunca antes visto por nuestra especie.

Observemos las lunas de Júpiter en la siguiente imagen.

Fuente:http://www.tudiscovery.com/imagenes/galleries/como-funciona-el-universo/

Si se percatan bien en la imagen podrán

ver que las lunas de Júpiter tienen diferentes órbitas. Dicha Fotografía es muy hermosa y nos ayuda a entender un poco de que los planetas no solo pueden albergar una sola luna sino varias.

Es muy probable que nuestro planeta haya albergado al menos dos Lunas similar al planeta Marte el cual tiene dos lunas actualmente, como se muestra a continuación.

Fuente: http://www.google.com.ec

Con la siguiente imagen podemos hacernos la idea de cómo era nuestro planeta hasta hace 65 millones de años. Imaginemos como sería nuestro mundo visto desde espacio, mediante esta imagen.

Las imágenes fueron extraída de la Fuente: www.google.com, pero modificadas para que se vean así.

Ahora imaginemos como se verían las noches, mediante esta imagen nos podemos hacer una idea de las mismas.

Las imágenes fueron extraída de la Fuente: www.google.com, pero modificadas para que se vean así.

LUNA PRECIPITADA

¿Por qué debería creer en que una Luna se cayó?, la respuesta es, por la sencillas razón de que ha habido un último exterminio masivo, pero que ya no permitió la vida de las especies de animales gigantes porque después del impacto de un objeto grande proveniente del espacio hubo un incremento de la gravedad del planeta.

Una de las cosas que nos acerca más a la hipótesis del impacto, fue el hallazgo de una capa en la corteza terrestre con alto contenido de iridio, el mismo que nos revela que hubo algo que vino del espacio y nos impactó, dicha evidencia es irrefutable, ya que esto sirvió para que los científicos Luis Álvarez y Walter Álvarez en 1980 propusieran la hipótesis del impacto de un asteroide ocurrido hace 65 millones de años, en el periodo Cretácico-Terciario, además en dicho periodo se registran la desaparición de muchas especies y entre ellas los dinosaurios. Observemos la siguiente imagen:

Fuentes:http://es.wikipedia.org/wiki/Extinci%C3%B3n_masiva_del_Cret%C3%A1cico-Terciario

En dicha imagen, la flecha roja nos indica la evidencia en la capa terrestre con alto contenido de iridio.

Comparto la hipótesis del impacto propuesta por los señores Álvarez, pero no estoy de acuerdo en que el objeto que nos impactó, haya sido un asteroide como ellos proponen, porque los asteroides y meteoritos tienen masas muy inferiores a nuestra Luna actual.

Entre Marte y Júpiter se encuentra lo que los astrónomos denominan el cinturón de asteroides. Se trata de una especie de anillo formado por un gran número de pequeños planetas. El más grande, Ceres, es una esfera desigual de 952,4 kilómetros de diámetro, y los más pequeños son restos de contornos irregulares, del tamaño de pelotas y guijarros.

En el cinturón de asteroides hay más de medio millón de asteroides de distintos tamaños, el más grande es Ceres con una masa de 10^{21} kg, que representa solamente un 1,3% de la masa de la Luna. El segundo objeto más grande del cinturón es Vasta, tiene la mitad del tamaño de Ceres.

La masa total del cinturón de asteroides se estima entre $3,0 \times 10^{21}$ y $3,6 \times 10^{21}$ kg, lo cual supone solamente un 4% de la masa de la Luna, o lo que es lo mismo, un 0,06% de la masa terrestre, por lo tanto deduzco, que no fue un asteroide o un meteorito el que impactó a la Tierra, y acabó con los dinosaurios, porque estos no lograrían alterar la gravedad del planeta al sumar sus pequeñas masas, pero si una masa superior a nuestra Luna actual.

Es muy probable que el factor principal que provocó la caída de la Luna, fuera el choque de un meteorito que logró frenar su trayectoria y por ende disminuyó su fuerza centrífuga que la mantenía en equilibrio, y entonces fue vencida por la gravedad de la Tierra; no es nuevo que nuestro planeta y Luna hayan sido impactados por meteoritos. Observemos el siguiente gráfico para tener una idea aclarar de cómo pudo haber ocurrido la caída.

En el gráfico hay una "W" que representa a la velocidad Angular que describe la trayectoria de la Luna, dicha velocidad mediante fórmulas de cálculo se puede determinar una fuerza hacia a fuera conocida como fuerza centrífuga "FC" y dicha fuerza es igual en intensidad a la fuerza de atracción gravitacional que ejerce la Tierra "FG" por lo tanto la Luna queda en equilibrio orbitando el planeta porque la "FC=FG".

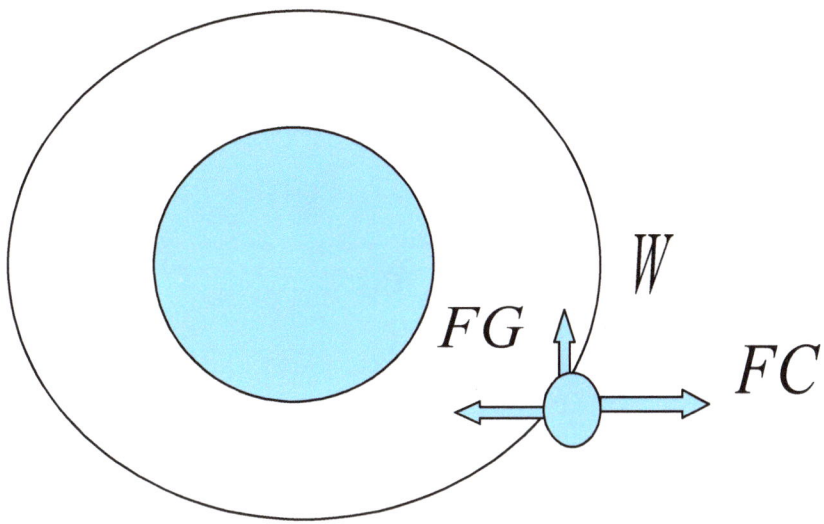

Para que una Luna se precipite, debe disminuir la velocidad angula "W" y por ende disminuirá la fuerza centrifuga "FC" y como la fuerza de atracción gravitacional terrestre se mantiene igual de intensa, se forma un desequilibrio de fuerzas, al ya no ser de intensidades iguales, porque la "FC" es menor que

"FG", por tal motivo la fuerza de la gravedad logra vencer a la Luna y la atrae a grandes velocidades formando un movimiento parabólico, como se muestra en los siguientes gráficos.

Momento en que la Luna es impactada por un meteorito que logra hacer disminuir la velocidad de su trayectoria.

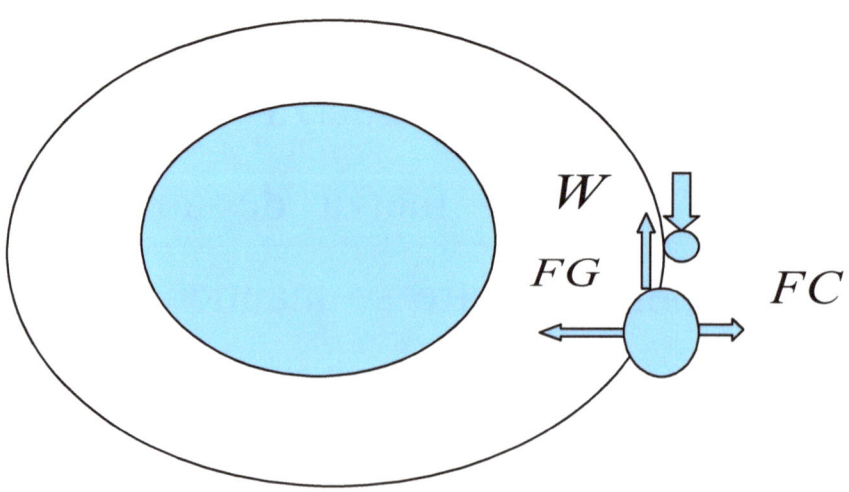

Una vez debilitada la fuerza centrifuga "FC" de la Luna, la fuerza de la gravedad terrestre "FG" la atrae, y la línea nos describe la trayectoria y el lugar del impacto.

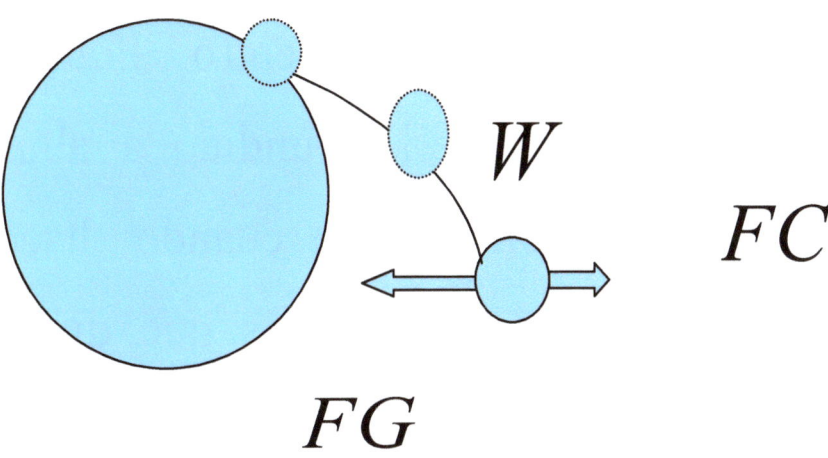

Es difícil que encuentren evidencias sobre el impacto de la Luna, porque su masa se sumó a la masa terrestre y tanto el planeta como la Luna están constituido de la misma composición, lo que haría camuflar fácilmente las evidencias, además por la fuerza del impacto tal vez no dejaron huellas tan visibles o fáciles de encontrar, hay que considerar que la Luna grande tenían un centro líquido, que al impactarse se reventó y esparció por todas partes su centro líquido compuesto de material fundido a altas temperaturas, similar a cuando hace erupción un volcán, además que dicho material al enfriarse pasó a ser parte de masa terrestres. Los científicos no deberían buscar huellas sobre impactos de meteoritos, más bien debería buscar evidencias de roca solidificadas en las capas terrestre, porque el impacto de una

Luna tal vez podría hacer confundir a los geólogos y arqueólogos, porque no podrán determinar con sencillez cuando las capas terrestres fueron formadas por erupciones volcánicas o cuando fueron formadas por un impacto, además en millones de años las evidencias pueden quedar ocultas sobre todo en este mundo lleno de cambios y erosiones, pero no hay que perder las esperanzas hay seguir buscando e inventarse una forma de confirmarlo.

Esta teoría tal vez nos esté revelando una verdad oculta, sobre el último exterminio masivo más grande que existió en la Tierra, provocado por una Luna precipitada, que logró alterar la gravedad del planeta.

Cabe mencionar que la precipitación de la Luna, puede ser considerada por muchas personas como algo sacado de la fantasía, pero mientras no se compruebe lo contrario se lo tomará como una opción más para aclarar el enigma sobre la desaparición de los dinosaurios. De lo contrario deberíamos decir que no fue un impacto el que acabó con los dinosaurios, sino varios impactos de meteorito y asteroides de forma consecutiva que fueron sumando sus masas a la masa terrestre hasta logra crear un aumento de la gravedad terrestre e impedir el normal desarrollo de la vida de las especies de animales y plantas gigantes, lo cual es imposible porque ni sumando toda la masa del cinturón de asteroides a la masa terrestre se lograría incremente significativamente la gravedad del planeta.

EL PRIMER GRAN IMPACTO

La Tierra ya había sufrido cuatros exterminios masivos, los mismos que se detallan a continuación:

- Hace 444 millones de años entre los períodos Ordovícico-Silúrico
- Hace 360 millones de años en el período Devónico
- Hace 251 millones de años entre los períodos Pérmico-Triásico
- Hace 210 millones de años entre los períodos Triásico-Jurásico

Hay varias teorías sobre dichas

exterminios tales como período glaciar, actividades volcánicas, impactos de meteoritos o asteroides, etc.

Pero lo cierto es que en cada exterminio la Tierra prácticamente quedaba desolada y la vida resurgía y se volvía a poblar la Tierra.

Era un día normal hace 65 millones de años entre los períodos Cretácico-Terciario, ya la Tierra había sido poblada nuevamente y la dominaban grandes bestias y habían grandes árboles, esta época que era predominada por los dinosaurios, también habían otras especies de tamaños pequeños como por ejemplo los mamíferos, aves, insectos, reptiles, etc.,

Observemos la siguiente secuencia de imágenes, para tener una idea de cómo eran dichos animales y el hábitat donde se desenvolvían.

Fuente:http://www.google.com.ec

Fuente:http://www.google.com.ec

Fuente:http://www.google.com.ec

La vida se desenvolvía sin problemas, nada fuera de lo común, en la cual las especies se alimentaban para subsistir y se cumplían todas las cadenas alimenticias. En el espacio las dos Lunas orbitaban normalmente a la Tierra y desde la superficie se podían observar las dos Lunas en el cielo, el cual era un acontecimiento espectacular y fascinante, pero nadie sabía que allá afuera se estaba formando un enorme peligro que amenazaba al planeta, ya que se aproximaba un meteorito con dirección contraria a la trayectoria de la Luna más grande ubicada en una órbita superior, y se acercaba más y más a velocidades increíbles hasta el momento crucial del impacto,   dicho acontecimiento nunca fue esperado por los vivientes de ese periodo en la Tierra, hasta que llego el día en que el meteorito impactó a la Luna fuertemente, y logró frenar su trayectoria, por lo tanto la Luna disminuyó su velocidad y por ende su fuerza centrifuga que la mantenía en equilibrio orbitando al planeta, y eso provocó que la fuerza de gravedad de la Tierra la venciera y la atrajera; la Luna ingresó a la atmósfera terrestre a miles de kilómetros por hora, y al hacer contacto con el aire, ésta por el roce de sus partículas se recalentó y se puso al rojo vivo, hasta llegar al punto de encenderse   en   candela;   cuando   de repente desde la superficie, se observó un objeto brillante en el cielo, similar a una bola de fuego, que se aproximaba con gran velocidad y con un movimiento parabólico con trayectoria hacia algún lugar de la Tierra, en dicho paso va emitiendo un gran sonido debido a la expansión de aire su alrededor por las altas temperaturas generadas, y todos alzan las miradas para ver lo que ocurría, sin imaginar lo que sucedería; en las zonas cercanas al impacto todos corren hacia distintas direcciones por el instinto de protección, al ver que una bola de fuego grande y ruidosa se acercaba a ellos, pero ya no hay tiempo para nada, ni para alejarse del sitio, así que será en vano correr, mientras un Tiranosaurio

Rex observa la bola de fuego que se desplaza a gran velocidad y haciendo ruido, él siente temor después de haber sido quien dominaba el planeta, y se desempeñaba como el depredador más temido sobre la faz de Tierra y nunca había visto algo parecido que le genere tanto miedo, y por su instinto corre a protegerse sin saber que ese momento sería el final de toda su especie, y de todas las especies de tamaños grande, el caos se apodera de la Tierra, todos buscan protegerse, los mamíferos se ocultan en los huecos debajo de la superficie, hasta que al final la Luna que un día brilló en el cielo hace contacto con la superficie y genera un gran estallido y justo en ese momento se sacude la Tierra como papel, todos caen dando vuelta y sin saber lo que está ocurriendo, a todos los inunda la desesperación, y por la fuerza del impacto su centro líquido explota como "cuando se lanza una vejiga llena de agua al suelo" y su masa líquida de roca y minerales fundidos sale disparada como materia incandescente hacia distintas direcciones sepultando a muchos seres vivo y plantas.

Observemos las siguientes imágenes para tener una mejor percepción de lo sucedido.

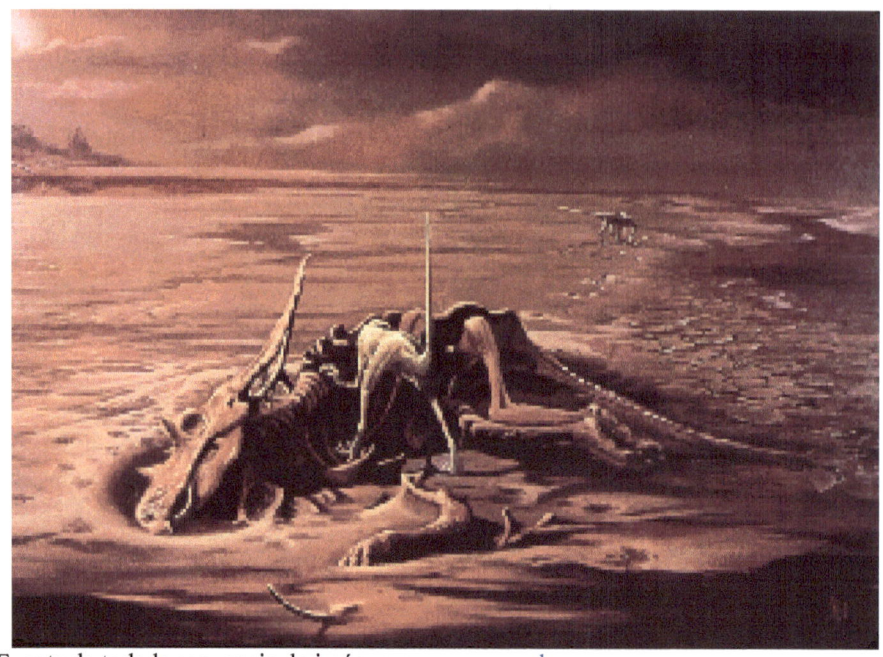

Fuente de toda la secuencia de imágenes: www.googlo.com.ec

Además el impacto ocasionó una intensa actividad volcánica; la onda radiactiva generada por el impacto causó muchas muertes, los mares se calentaron y formaron tsunamis en todas la direcciones, dicho impacto ha causado un exterminio masivo que ha acabado con el

75% de todas las especies del planeta en las cuales están incluidos los dinosaurios.

Pocos son los que han sobrevivido, pero de los pocos no todos continuaran, ni sacaran descendencias.

La catástrofe exterminó a muchos de todas las especies, pero ahora las condiciones solo favorecen a las especies pequeñas.

Una vez devuelta a la calma, empiezan a salir los mamíferos de sus madrigueras y cuevas en las que se ocultaron y que lograron sobrevivir a la catástrofe, empezaron a alimentarse de todos los animales muertos para sobrevivir, de igual forma lo hacen las aves, insectos, reptiles, y demás especies pequeñas.

La Tierra ahora en su mayor área de superficie tiene una nueva capa debido a la masa de la Luna que al impactar se sumó a la masa de la Tierra, consecuencia que no solo provocó una catástrofe con exterminio masivo, sino que también produjo un aumento brusco en la intensidad de la gravedad terrestre, esto ha ocasionando que las especies gigantes sobrevivientes no puedan adaptarse con normalidad a dichos cambios gravitacionales debido a sus masas, ahora para ellos es difícil desenvolverse en el nuevo hábitat, porque sus pesos han aumentado y les impide la normal movilidad que antes tenían, enseguida empiezan a sufrir graves problemas de salud de una forma acelerada, tanto así que les impide continuar con la reproducción de sus especies, por lo que se quedaron sin descendencias y nunca más se los volvieron a ver sobre la superficie que dominaron en aquellos tiempos; solo nos han quedado sus esqueletos sepultados bajo la corteza terrestre, los mismos que fueron hallados por los arqueólogos, también jamás se volverán a ver los grandes árboles que se había desarrollado por la baja gravedad que existía en ese entonces, pero ahora las cosas son distintas y los nuevos árboles que nacen ya no crecen tanto, pero el aumento de la gravedad no afecto a la especies pequeñas por sus bajas masas tales como los mamíferos (de los cuales descendemos), aves, insectos, peces, etc.

Además al ya no haber depredadores sobre la superficie terrestre, esto favoreció para que se pueble la Tierra nuevamente con las especies pequeñas que se adaptaron fácilmente al nuevo hábitat con una gravedad superior a la que había existido.

Debemos considerar que la fuerza de

gravedad fue el principal factor que eliminó a todas las especies grandes como los dinosaurios; puedo decir que el exterminio masivo ocurrió en dos etapas, la primera fue el impacto catastrófico de una Luna, la segunda fue que consecuentemente esto hizo aumentar la masa de la Tierra, por lo tanto también incrementó su gravedad; basándonos "Según la fórmula ($F=Gm/r^2$) y concepto de Sir Isaac Newton sobre la "Gravitación Universal" en la que nos indica que la masa de un cuerpo celeste es directamente proporcional a la fuerza de la gravedad, es decir que a mayor masa de un cuerpo celeste mayor fuerza de gravedad y viceversa"; Desconozco cuál sería la gravedad antes del impacto, pero lo que sí sé es que la gravedad aumento a $9.8m/s^2$ lo que generó condiciones no favorables para las especies de los seres vivos y plantas gigantes.

Por ejemplo, supongamos que la gravedad antes del impacto era de $4m/s^2$ y consideremos de forma hipotética que la masa de un Tiranosaurio Rex era de 2000kg, entonces según la fórmula de la fuerza (F=ma=mg) $F = 2000kg \times 4m/s^2 = 8000N$, es decir que sus pies soportarían 8000N, pero si aumentamos la gravedad a la que actualmente tenemos y que es de $9.8m/s^2$, pero considerando la misma masa de 2000kg, tendríamos que F = 2000kg x 9.8m/s^2 = 19600N, es decir que sus pies soportarían 19600N; como hemos visto en el ejemplo que con la misma masa de un Tiranosaurio Rex, pero con gravedades diferentes su peso varía notablemente lo que imposibilitaría su normal desempeño.

Concluyo este capítulo indicando que realmente la desaparición de los dinosaurios y de todas las especies de animales gigantes fue producto de un incremento brusco en la intensidad de la gravedad del planeta Tierra.

EL PROBABLE SEGUNDO GRAN IMPACTO

Considerando que actualmente tenemos una Luna muy hermosa, y que nos despierta la fantasía romántica, cuya belleza radiante nos ilumina por las noches y nos embellece durante el día. Cada cierto tiempo nos oculta al Sol mediante el eclipse haciéndonos ver la oscuridad en el día, aunque solo sean unos pocos minutos, pero dichos minutos se hacen eternos, y disfrutamos de dicho panorama con emoción y asombro; también la Luna a veces se ha ocultado del Sol con la Tierra y ha originado el eclipse Lunar, en la cual la Luna pierden su luz y se puede observar que su superficie es de un color rojiza, llenándonos de misterio y emoción, estos son solo unos ejemplos de la belleza que nos ha hecho vivir nuestro satélite natural conocido como la Luna, además cuando pasa por el sector de la elipse de la órbita más cercana a la Tierra genera los conocidos aguajes (mareas altas), esta época era aprovechada por nuestros ancestros para sembrar ya que la Luna ejerce una gran influencia gravitacional sobre la superficie de la Tierra al pasar cerca, que no solo hace elevar las aguas de los mares, sino que también hace subir los minerales y las aguas subterráneas o nivel freático en las capas terrestres y por lo tanto ellos aprovechaban dicho efecto para sembrar.

Siendo más realistas nuestra Luna es una masa de roca que órbita a nuestro planeta y que está constituida de minerales, metales y no metales y varios elementos más, que también se los encuentran en la Tierra.

No hay que descartar que algún día lo que nos dio belleza y luz por las noches nos acabe de una forma catastrófica y súbita; hay que tomar en cuenta que desde ya nuestra Luna es nuestro mayor enemigo y aquí cabe la frase "durmiendo con el enemigo", lo único que nos puede salvar es evitar que este orbitando nuestro mundo, si se logrará alejar o si se aleja por sí sola, esto nos ayudaría a evitar una catástrofe, similar a la que teóricamente ha ocurrido en el pasado. Con esto no quiero decir que la Tierra este totalmente a salvo, porque hay varios factores que nos podrían causar un exterminio masivo, tales como los impactos de meteoritos, asteroides, guerras, contaminación global, cambios climáticos, epidemias, etcétera. La caída de nuestra Luna es tan solo un factor más dentro de las probabilidades de destrucción de nuestro hogar conocido con el planeta Tierra.

No hay que descartar, que un evento inesperado como un meteorito impacte a la Luna en dirección contraria a su trayectoria y la frene haciendo disminuir la fuerza centrifuga que la mantiene en órbita y se precipite hacia la superficie terrestre causando así el exterminio de la mayoría de las especies y el aumento de las gravedad de la Tierra debido a que aumentaría su masa por la adición de la masa Lunar.

Pero suenan alentadores los últimos estudios científicos, porque han logrado determinar que la Luna se está alejando de la Tierra, al ritmo de unos pocos centímetros por año, pero esto no significa que ya estemos libre de un probable impacto de nuestra Luna, porque esta podría llegar al punto de detener su alejamiento, por la influencia de la fuerza de la gravedad terrestre sobre ella, y en el peor de los casos puede suceder que en el proceso de alejamiento sea impactado por un meteorito que frene su alejamiento y su velocidad de desplazamiento y la haga precipitar debido a la disminución de su fuerza centrífuga.

Como también puede suceder que nunca ocurra dicho acontecimiento, es decir que nunca aparezca dicho meteorito con dirección de impacto a la Luna, con lo que quiero decir que no se debe descartar un impacto de la Luna hacia la Tierra, pero tampoco se lo debe afirmar.

Hay tres posibles destino de nuestra Luna según mi criterio:

1. Que se siga alejando y se salga de la órbita terrestre, y termine chocando u orbitando otro planeta.

2. Que se aleje hasta que se detenga por la influencia de la gravedad terrestre y quede ubicado en una órbita superior a la actual.

3. Que la impacte un meteorito o asteroide y la haga precipitar hacia la Tierra.

En cualquiera de los casos la vida continuará en la Tierra hasta el destino final del sistema Solar.

BIBLIOGRAFÍA

- http://es.wikipedia.org/wiki/Cintur%C3%B3n_de_asteroides
- http://es.wikipedia.org/wiki/Extinci%C3%B3n_masiva
- http://es.wikipedia.org/wiki/Gravedad
- http://es.wikipedia.org/wiki/Ley_de_Newton
- http://www.google.com.ec

ACERCA DEL AUTOR

ENRIQUE CALDERÓN INTRIAGO

Email: enriquecald15@yahoo.com

Nació en Guayaquil - Ecuador, en 1978, se incorporó de Ingeniero Industrial en la Universidad de Guayaquil.

Escritor de los libros:

- Ley de la Antigravedad
- Antigravedad General (www.amazon.com)
- Teoría de las dos Lunas (www.amazon.com)
- La Telepatía del mito a la realidad (www.amazon.com)
- El Universo proyectado (www.amazon.com)

Otros logros como científico:

Descubridor de la fórmula de la fuerza de la antigravedad por repulsión magnética.

Inventor del diseño de un borrador ergonómico para pizarra acrílica.

Inventor del método en forma de entrevista para comprobar la existencia de la telepatía.

Descubridor de la y telepatía, y de la onda que permite su comunicación.

Descubridor de la fórmula para calcular la telepatía.

www.ingramcontent.com/pod-product-compliance
Lightning Source LLC
Chambersburg PA
CBHW050739180526
45159CB00003B/1278